皮具教程
LEATHER COURSE

皮革做的植物小配饰

花一下午的静谧时光，做一支永不凋零的皮革花朵

◎沈洁 著　◎周科 摄影

江苏凤凰科学技术出版社

图书在版编目（CIP）数据

皮具教程：皮革做的植物小配饰／沈洁著．－－ 南京：江苏凤凰科学技术出版社，2018.8
ISBN 978-7-5537-9323-8

Ⅰ．①皮… Ⅱ．①沈… Ⅲ．①皮革制品－手工艺品－制作－教材 Ⅳ．① TS563

中国版本图书馆 CIP 数据核字 (2018) 第 124018 号

皮具教程　皮革做的植物小配饰

著 者	沈洁
项 目 策 划	凤凰空间／ 郑亚男　王雨佳　苑圆
责 任 编 辑	刘屹立　赵研
特 约 编 辑	王雨佳　苑圆　张群

出 版 发 行	江苏凤凰科学技术出版社
出版社地址	南京市湖南路1号A楼，邮编：210009
出版社网址	http：//www.pspress.cn
总 经 销	天津凤凰空间文化传媒有限公司
总经销网址	http：//www.ifengspace.cn
印 刷	北京博海升彩色印刷有限公司

开 本	710 mm×1000 mm　1／16
印 张	7
字 数	56 000
版 次	2018年8月第1版
印 次	2018年8月第1次印刷

标 准 书 号	ISBN　978-7-5537-9323-8
定 价	48.00元

图书如有印装质量问题，可随时向销售部调换（电话：022-87893668）。

前　言

牛皮上的花草世界

长久以来，牛皮给人的直观感觉就是沉稳、粗犷、厚重、狂野。大部分的皮革设计师和皮革匠人也正是利用皮革自带的这种气场，赋予其笔直利落的线条，使其更显商务气息；或利用其自然的纹理，来表现作品中野性的一面；再或者，用牛皮厚重的质感来展现作品奢华的品质。

无论怎么做，皮革给人带来的直观印象都是比较厚重而富有攻击性的。只要身着皮革，十米开外，便能感受到皮革带来的强烈气场。这便是皮革与生俱来的气质。

但皮具做久了，有时也会想，铁汉都可以柔情，为什么皮革就不能更温柔、更轻盈、更浪漫一些呢？于是我想到了娇嫩的花朵。好！那就从做一朵玫瑰开始吧！希望可以通过牛皮赋予玫瑰一丝坚强的属性。

用皮革这种取自于自然的材质来表现另一种自然界中的形态，因带着些许的实验性质，在操作的过程中，充满了未知带来的乐趣。不像传统手缝皮具那样需要一丝不苟的严谨精神，而是尝试着使用各种不同的工具，结合皮革染色、削薄、皮雕、印花、镂花、塑形、手缝等一系列的技法对牛皮的质感做一些改变，让牛皮散发出一些或浪漫、或清新、或可爱的气质。

这两年的尝试也逐渐积累了一些作品，在这本书里分享给大家，大部分的作品技法一旦掌握便可以举一反三，每一个案例都列出了相应的制作工具、材料、配件以及 1∶1 版型，因此非常适合初学者上手制作，希望大家可以创造出属于自己的那片皮革花园。

2018 年 5 月

目 录

本书中使用的皮革

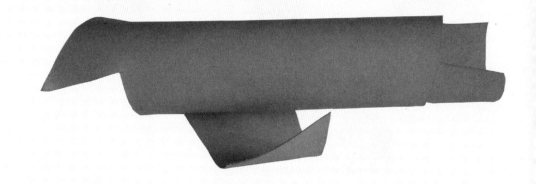

植鞣皮

主要使用植物鞣剂进行鞣制得到的一类皮革产品，也称皮雕皮、树膏（糕）皮、带革，颜色为未染色的本色。

植鞣皮的特点

纤维组织紧实，延伸性小，成型性好，板面丰满，富有弹性，无油腻感，革的粒面、绒面有光泽，吸水易变软，可塑性强，容易整型，颜色会随时间推移从本色的浅肉粉色渐变为淡褐色，最适合做皮雕工艺。

植鞣皮的保存

1. 皮革在潮湿环境中易生霉菌，故长期保存，最重要的是存放在干燥的地方。

2. 沾了灰尘的皮革，可以用软布或刷子轻轻擦去。

3. 雕刻用的植鞣皮长时间不用的部分需要用深色纸张（牛皮纸）包好，放在干燥通风的地方，注意避光才能保持原有色泽。

4. 注意减少植鞣皮的摩擦，否则会导致皮面发乌，多张皮之间宜用纸隔开。

植鞣皮的保养

皮革越用越柔软且富有光泽，平常只需拿干净软布擦拭表面灰尘脏污，并用牛角油涂抹保护，收纳于通风良好的地方，注意防潮即可。

皮革花制作技法

裁切牛皮

削薄牛皮

皮革染色

皮雕与印花

镂　花

塑　形

手缝技法

裁切牛皮

本书中使用的牛皮都是厚度为 2.0mm 的植鞣皮，且多为不规则形状，因此只需一把锋利的皮革剪刀就可以完成所有的裁切工作。需要缝合的直条形皮革，建议用重型美工刀与直角尺搭配裁切，这样能保证裁切出的线条精确、笔直且无毛边。

对于一些细微部分的裁切，若美工刀和剪刀无法做到剪裁得干净利落，那么你就需要一把精致的笔刀来帮你处理细节处。如果预算充足的话，建议可以多准备些不同规格的半圆斩、浅圆斩和一字斩。这样可以将边角倒圆以及一些花边处理得非常干净利落。

直线裁切

将牛皮平铺在垫板上，左手用直尺压住牛皮，右手拿美工刀沿直尺边缘用力笔直切下。若牛皮韧性较强，无法一次切断，则需确保直尺的位置不变，再进行反复切割，直至牛皮完全分离，才可将直尺拿走。

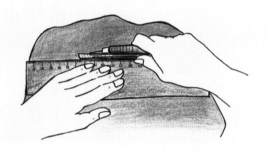

削薄牛皮

皮革削薄大概是皮革造花工艺中最重要的一步了。只有将皮革的边缘削薄到一定程度，才能使皮革摆脱它与生俱来的厚重感，做出来的皮革花瓣才能轻盈灵动，同时也更加生动逼真。

削薄大概也可以算是皮革制作技巧中最难以熟练掌握的一门技法了，操作方法看起来很简单，似乎安上刀片，再像削苹果皮一样将牛皮一层一层削去即可。但由于每个人操作力度的不同、牛皮质地的不同以及削切角度的不同，都会存在很大的差异。因此需要长时间反复地练习才能控制好自己的力度，将牛皮削薄至自己理想的厚度。削薄刀推荐使用一字的美式削薄刀，操作起来相对会轻松一些，更容易控制。

削薄方法

牛皮正面朝上，左手按住或者捏住牛皮，右手大拇指顶住削薄刀手柄前端，剩下四指紧紧握住削薄刀手柄。刀刃贴于皮面，与其呈 5 度左右的角度，向下直推刀刃，将牛皮表层削下。

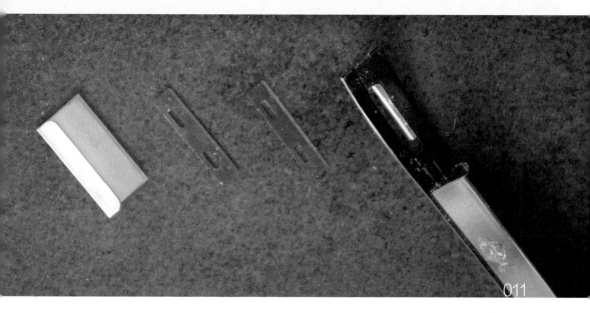

皮革染色

皮革染色一般有两种染料。一种是水性染料，其代表性的有酒精染料，色素以渗透性极强的酒精为媒介，渗透进牛皮表层上色。一般而言酒精染料的颜色比较鲜艳。若染料充足，则会透染至皮革背面。由于酒精会溶解皮革中的脂质，故而此方法处理后的牛皮会变得干硬，需要再涂抹牛角油使其恢复柔韧性。

另外一种是油性染料，顾名思义就是通过油脂来帮助染料的渗透。由于油脂的渗透力有限，因此染出来的颜色会比较柔和，颜色不会过于浓艳，能较好地保持皮革的原始质地。

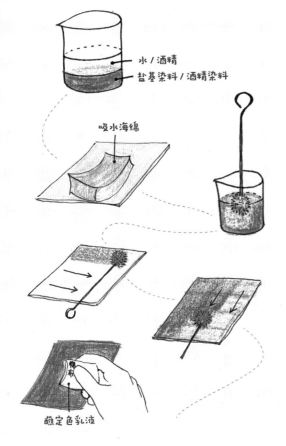

水性染料的染色方法

1. 盐基染料与酒精染料都属于水性染料，可以通过兑水或者兑酒精的方法来稀释，酒精染料稀释比例大致为1：1，盐基染料与水的比例大致为1：3，可以视效果调整调兑比例。因为盐基染料与酒精染料的成分不同，不能相互混合。

2. 海绵蘸水，在皮革表面擦拭，使牛皮吸水润湿。

3. 用羊毛球蘸取调配好的染料，在需染色的皮革表面先横向刷一遍，再纵向刷一遍，重复这个过程，直到上色均匀。

4. 最后，用棉布蘸取定色乳液，均匀涂抹上色后的皮革表面。

油性染料的染色方法

1. 按照一份牛角油、五份油性染料的比例配置染液。

2. 用棉布球蘸取配置好的染液，以画圈的方式涂满整块皮面。油性染料颜色的深浅取决于染料在皮革上的存留时间。因此，想要染色均匀，应及时涂开染料，以防止染料在皮面上堆积。

3. 染色顺序是：先中间画圈涂染，后四边直线反复涂染。

皮雕与印花

皮雕与皮革印花

皮雕在皮革造花的应用，主要在于雕刻叶脉。因此，最主要的工具是旋转刻刀，也叫皮雕刀。有时也会利用一些现有的印花工具来雕刻出不同的纹理，比如圣诞树的松针纹理（第042页），蘑菇小屋的门窗轮廓（第094页）。

使用旋转刻刀

用食指压住旋转刻刀顶部指按，拇指与中指、无名指相配合，握住刀身的旋转部分，通过旋转刀身来控制运刀的方向。手腕轻抵桌面，以保持刀的稳定性。运刀时，刀刃前端需刻入牛皮1mm深，刀刃尾部需略向上抬起，保持刀刃向前倾斜。

使用印花工具

左手握住印花工具的手柄，使之垂直于皮面；右手用皮雕锤敲击印花工具的尾部。为了得到不同的印花图案，可以适时调节印花工具操作时的倾斜度。

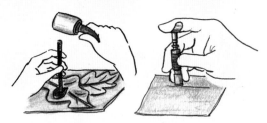

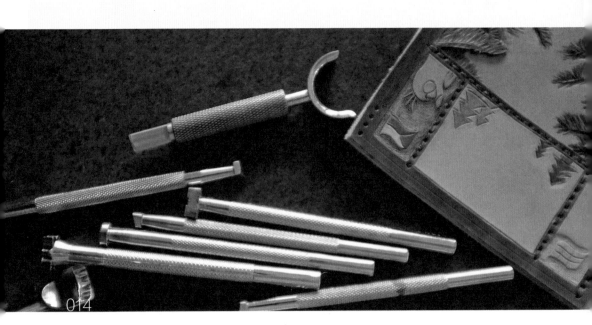

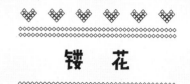

镂 花

各种不同形状的冲子可以自由组合，冲打出美丽的镂花图案。首先定位中心点，然后以中心点为基准，从里向外呈放射状进行冲打。

镂花图案的冲打顺序如下图所示：

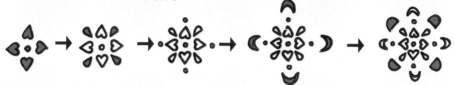

圆形冲子　　水滴形冲子　　圆形冲子　　　月牙形冲子　　　半圆形冲子
＋
心形冲子

圆形冲子　　水滴形冲子　　半圆形冲子　　　　月牙形冲子
＋
叶芽形冲子

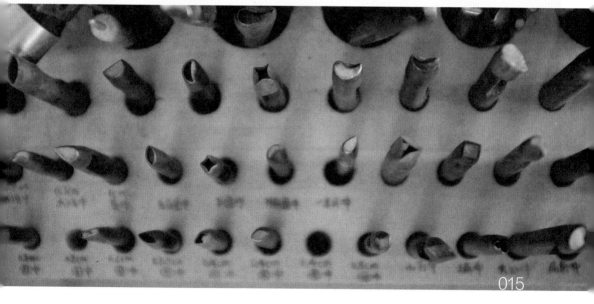

塑 形

皮革塑形在皮革造花中是非常重要的一步，塑形效果将直接影响到植物的形态。简单来说，皮革塑形的原理是：干燥的植鞣皮较硬挺且延展性不强，但遇水后会变得柔软而富有延展性，因此可以塑造出非常丰富的褶皱及形态变化。

在牛皮湿润的时候，将之塑成理想的造型并使之固定，待其干燥后，塑形便完成了。

如果要确保定型的持久性，可以将其置于烤箱低温烘烤干，或者用热风枪吹干。（注意温度不能太高，否则牛皮会收缩或者烤糊，建议温度是 100 摄氏度。根据烤箱及作品大小的不同可以多实验几次，以便灵活把握。）

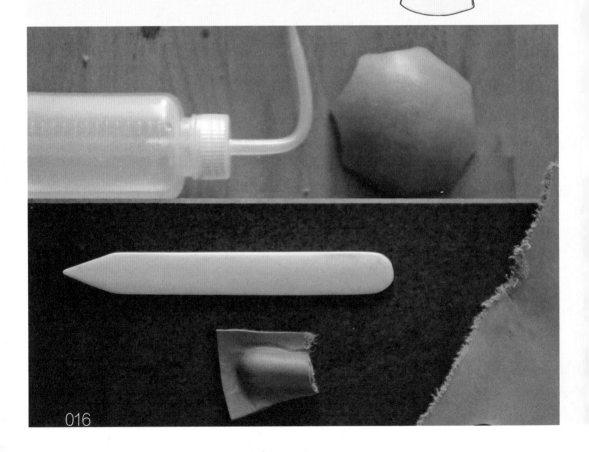

手缝技法

直线缝饰法

1. 将手缝针穿过第一个孔，拉直蜡线两端，保证两边蜡线长度相等。先将右手边的蜡线 A 穿过第二个缝线孔，然后再将左手边的蜡线 B 从蜡线 A 的下方穿过同一个缝线孔，之后拉紧两侧蜡线。

2. 按照上述步骤继续缝合。要注意的是，缝线的顺序不能错，确保每一个回合都是先右手蜡线穿过孔的上半部分，再左手蜡线穿过孔的下半部分。否则，缝线的轨迹可能会不整齐。

3. 缝到最后一个针孔时，再回缝一两针，且最终要确保两个线头都留在皮革的背面。

4. 用打火机外焰靠近线头，使线头融化烧结，再用打火机尾部或大拇指将其轻压抹平即可。

对称交叉缝饰法

1. 将手缝针正面第一排左孔穿入，背面右孔穿出，再从正面穿向第二排左孔。

2. 按照步骤 1 的方法缝合至最后一排，再用同样的方法往回缝合，使线迹呈十字交叉状。

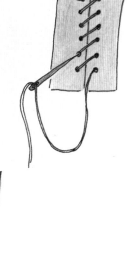

3. 缝合至第一排第一个孔时结束操作。正反线头均留约 3mm 长，多余线头则剪断。

4. 用火将线头烧结固定。

皮革叶子

柳叶胸针

"不知细叶谁裁出，二月春风似剪刀。"现在无需春风也能用双手做出一枚嫩绿的柳叶，将春意随身携带。

PREPARATION
∾∾∾∾∾ 前期准备 ∾∾∾∾∾

工具

①剪刀

②砂纸条

③直径 1mm 圆冲

④旋转刻刀

⑤封边液

⑥ UHU 胶水

⑦打磨棒

⑧绿色酒精染料

⑨皮雕锤

材料及配件

①厚度 1.4mm 原色植鞣皮　两片

②直径 1cm 刺马针胸针　一个

PATTERN
∾∾∾∾∾ 1∶1版型 ∾∾∾∾∾

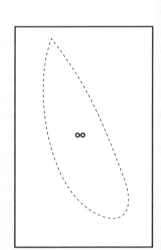

STEPS

◇◇◇◇◇◇ 制作步骤 ◇◇◇◇◇◇

1、将牛皮蘸水湿润，用旋转刻刀刻出叶脉。

2、在另外一片牛皮上用圆冲打出两个直径 1mm 的孔，再用 UHU 胶水将刺马针粘到牛皮上。
   然后将两片牛皮背对背粘到一起。粘贴时要将牛皮拧出一些弧度。

 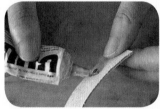 

3、等胶水完全干透，再用剪刀将底层牛皮按照表层的树叶形状剪切整齐。边缘处用砂纸条打磨，
   涂抹封边剂，并用打磨棒抛光。

4、用调配好的酒精染料对整个皮面进行染色。

THE MAPLE LEAF BROOCH

枫叶胸针

如果说柳叶预示着春日的来临，那火红的枫叶便代表了秋日的绚烂，随手拾一片枫叶，在牛皮上描摹下来，做成胸针别在胸前，将秋日短暂却绚丽的日子长久地记录下来。

PREPARATION

〰〰〰 前期准备 〰〰〰

工 具

① 打磨棒
② 削边器
③ 砂纸条
④ 抹胶片
⑤ UHU 胶水
⑥ 描线笔
⑦ 锥子
⑧ 笔刀
⑨ 旋转刻刀
⑩ 剪刀
⑪ 棉棒
⑫ 酒精染料（柠檬黄色、橙色）
⑬ 封边液

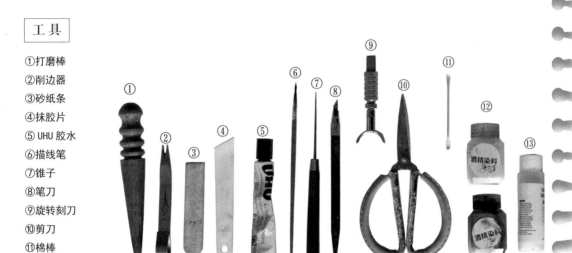

材料及配件

① 厚度 1.4mm 原色植鞣皮　两片
② 925 纯银一字长胸针配件　一枚

PATTERN
◇◇◇◇◇◇◇◇◇ 1：1版型 ◇◇◇◇◇◇◇◇◇

STEPS

◇◇◇◇◇ 制作步骤 ◇◇◇◇◇

1. 按照版型在牛皮上剪出枫叶的轮廓，并画出叶脉的线条。然后将牛皮润湿，用旋转刻刀沿着画好的线条雕刻出叶脉，注意先刻出主叶脉，再雕出叶脉的分枝。

2. 先用柠檬黄色打底，将染料均匀涂在叶脉的枫叶形牛皮表面上，确保每一处都被涂上。然后把橙色染料与水以1:10的比例进行稀释，由叶子的边缘开始涂抹，逐渐晕染至叶脉，边缘处可以多涂抹几次，使其呈现出由浅至深的渐变效果。

3. 用抹胶片在枫叶背后涂上UHU胶水，迅速与另一块牛皮的背面相贴，细致地按压边缘使之贴合，并裁剪掉多余的牛皮。用砂纸条打磨整个边缘，直至完全平整。打磨后若皮面出现翻卷的情况，可以用削边器清理干净。

4、将枫叶的边缘和背面都染上橙色的染料。若叶子边缘的叶裂处，颜色渗透不进去，可以使用描线笔进行辅助染色。

5、边缘涂抹封边剂，用打磨棒反复打磨。打磨不到的细节处可以用锥子进行辅助。然后用剪刀将尖角部分修剪整齐。

6、在枫叶背面的正中间处，用锥子扎一个深度为2mm的孔。在一字长胸针的连接件上涂上胶水，把它粘到枫叶背面，使固定针插进枫叶背面扎好的孔中。

 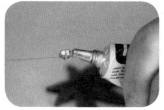 

THE MONSTERA LEAF BROOCH

龟背竹胸针

自从搬进有着大落地窗的新工作室，便抑制不住地想在里面种满绿色的植物，其中最爱的便是龟背竹。没长大的龟背竹还没有开背，像个可爱的小爱心，长大以后开了背，就多了几分雅致。

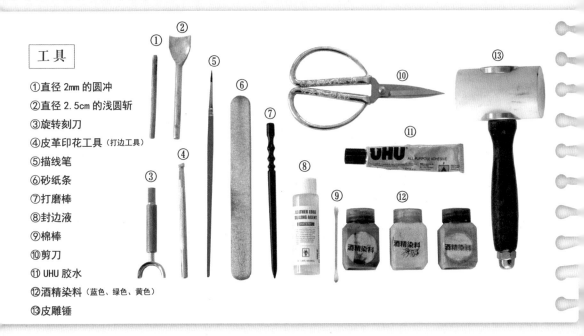

工具

①直径 2mm 的圆冲

②直径 2.5cm 的浅圆斩

③旋转刻刀

④皮革印花工具（打边工具）

⑤描线笔

⑥砂纸条

⑦打磨棒

⑧封边液

⑨棉棒

⑩剪刀

⑪ UHU 胶水

⑫酒精染料（蓝色、绿色、黄色）

⑬皮雕锤

材料及配件

①厚度 1.4mm 原色植鞣皮　两片

②宽度 2cm 的回形胸针底托　一个

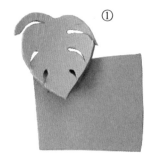

PATTERN

◇◇◇◇◇◇◇◇◇ 1：1版型 ◇◇◇◇◇◇◇◇◇

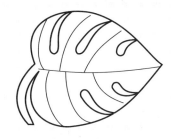

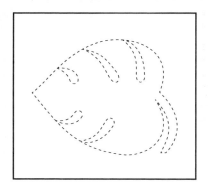

STEPS

◇◇◇◇◇◇◇ 制作步骤 ◇◇◇◇◇◇◇

1、按照版型在牛皮上画出龟背竹的轮廓并剪裁下来。然后将皮面湿润，用旋转刻刀雕刻出龟背
竹的叶脉，再用打边工具打出叶脉的立体感。

2、用柠檬黄色打底，确保染料渗透到叶脉缝隙中。绿色酒精染料需用水稀释，再平涂到叶面上，
要保留叶脉的黄色。叶面部分可以反复多次涂抹，使颜色均匀地过渡到叶脉。涂抹次数越多，
颜色越深，这时可以稍加一点蓝色染料，让颜色更加厚重。

3、将叶片背面涂上 UHU 胶，与另一块牛皮粘贴在一起。注意粘贴时将叶面弯曲出一定的弧度，
再用手反复按压，直至胶水凝固。然后沿着叶片边缘将多余的牛皮剪掉。

4、底面用圆冲和浅圆斩切出龟背竹的叶片的漏孔。

5、将边缘用砂纸条打磨光滑，将其侧面和背面都染上蓝色，用棉棒染不到的细节处可以用描线笔辅助染色。

6、边缘涂抹封边液后打磨抛光，再将胸针底托粘贴在龟背竹的背面。

THE GINKGO LEAF BROOCH

银杏叶子胸针

金色的九月，每下一场秋雨，地上便会铺上厚厚的一层银杏叶，金灿灿的，让人觉得整个秋日都温暖起来。银杏叶厚实的质地与牛皮颇为相似，用刻刀在牛皮上雕刻出银杏叶扇形的叶脉，一枚足以以假乱真的银杏叶胸针便诞生了。

玖月

静享秋风吹不尽

日 SUN	一 MON	二 TUE	三 WEN	四 THU	五 FRI
					1 十一	2 十二
3 十三	4 十四	5	6	7 白露	8 十八	9 十九
10 教师节	11 廿一	12		14	15 廿五	16 廿六
17 廿七	18 廿八	19 廿九		28 初九	22 初三	23 秋分
24 初五	25 初六	26 初七	27 初八		29 初十	30 十一

PREPARATION

前期准备

工具

① 剪刀

② 直径 1cm 刺马针胸针

③ 砂纸条

④ 打磨棒

⑤ UHU 胶水

⑥ 旋转刻刀

⑦ 直径 1mm 圆冲

⑧ 封边液

⑨ 酒精染料（橙色、绿色、黄色）

⑩ 棉签

⑪ 皮雕锤

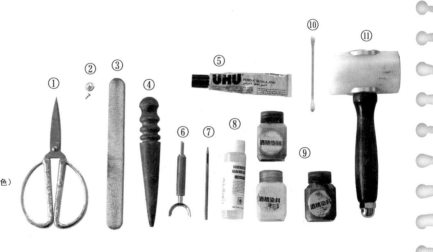

材料及配件

① 厚度 1.4mm 原色植鞣皮 两片

② 直径 1cm 刺马针胸针 一枚

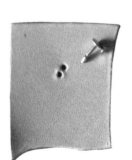

PATTERN

1：1 版型

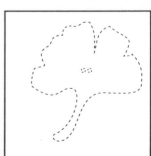

STEPS

◇◇◇◇◇◇◇◇ 制作步骤 ◇◇◇◇◇◇◇◇

1、将刺马针插入带有圆孔的牛皮上，然后将已经剪成叶子形状的牛皮背面涂胶，与插入刺马针的牛皮粘贴到一起。粘贴时要将整个叶片部分稍稍弯折。

2、待胶水粘贴牢固后，将胸针置于桌边，裁切掉牛皮多余的部分。之后再将牛皮表面沾水湿润，用旋转刻刀雕刻出细密的叶脉。

3、先将整个皮面染成黄色。然后用棉签蘸取少量绿色及橙色的染料，再沿着叶脉方向轻轻扫过，使其呈现出自然的效果。

4、边缘用砂纸条打磨光滑后涂抹封边液打磨抛光。

THE CHRISTMAS
TREE BROOCH

圣诞树胸针

去工具店转悠时，一枚不起眼的皮雕印花头引起了我的注意，小小的一支，图案像竹叶又如松针，询问了一下，原来是用来雕刻动物毛发的。而我却固执地认为这个更适合做松针，买回来尝试着雕刻出圣诞树的形状，打上一层一层的松针纹理，于是便有了这枚圣诞树胸针。

PREPARATION
◇◇◇◇◇◇◇◇ 前期准备 ◇◇◇◇◇◇◇◇

工具

①皮雕锤
②剪刀
③砂纸条
④锥子
⑤笔刀
⑥描线笔
⑦打磨棒
⑧皮革印花工具（毛发工具）
⑨ UHU 胶水
⑩抹胶片
⑪旋转刻刀
⑫封边液
⑬酒精染料（绿色、焦茶色）
⑭棉棒

材料及配件

①厚度 1.8mm 原色植鞣皮 两片
②直径 1cm 刺马针胸针 一枚

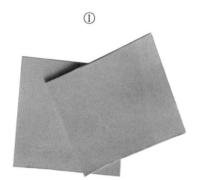

PATTERN

◇◇◇◇◇◇◇◇ 1：1版型 ◇◇◇◇◇◇◇◇

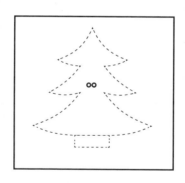

STEPS
◇◇◇◇◇ 制作步骤 ◇◇◇◇◇

1、将裁剪成松树形状的牛皮用水湿润，用旋转刻刀雕刻出树干与树叶的分界线，接着用型号为 F902-2 的毛发印花工具打出松针的纹理。注意打时遵循从下往上的顺序，一层层地覆盖。

2、用酒精染料将松针部分染成绿色，而树干部分则染成焦茶色。

3、将胸针的刺马针从另一片牛皮的背面穿过，然后在松树形牛皮背面涂抹上 UHU 胶水，再把两片牛皮迅速贴合。

4、将牛皮松树放置于桌边，保持皮面与桌面的贴平，然后再用笔刀裁切掉多余的部分。

5、将牛皮松树的边缘用砂纸条打磨平整。再用酒精染料将牛皮松树的边缘及背面都染成绿色，而缝隙处的上色则可以借助描线笔。

6、涂抹封边液，再打磨抛光。最后用剪刀将边角修剪整齐即可。

THE PINE CONE
KEY RING

松果钥匙扣

工作室来了一批厚厚的牛皮，硬邦邦的，剪成松子的形状，染上棕色，居然还很逼真。于是认真设计了一下，一个松果钥匙扣便诞生了。

PREPARATION

◇◇◇◇◇◇◇◇◇ 前期准备 ◇◇◇◇◇◇◇◇◇

工具

①酒精染料（咖啡色、黑色、红棕色）

②铆钉安装底座

③铆钉安装工具

④直径 2mm 的圆冲

⑤锥子

⑥打磨棒

⑦剪刀

⑧笔刀

⑨皮雕锤

⑩封边液

⑪ UHU 胶水

⑫棉棒

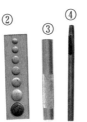
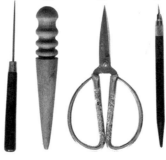

材料及配件

①厚度 1.4mm 原色植鞣皮　一条

②厚度 2.0mm 原色植鞣皮　五片

③直径 0.8cm 花色铆钉　　一套

④直径 2cm 的纯铜钥匙圈　一个

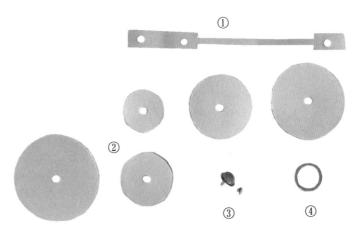

PATTERN

◇◇◇◇◇◇◇◇◇◇ 1：1版型 ◇◇◇◇◇◇◇◇◇◇

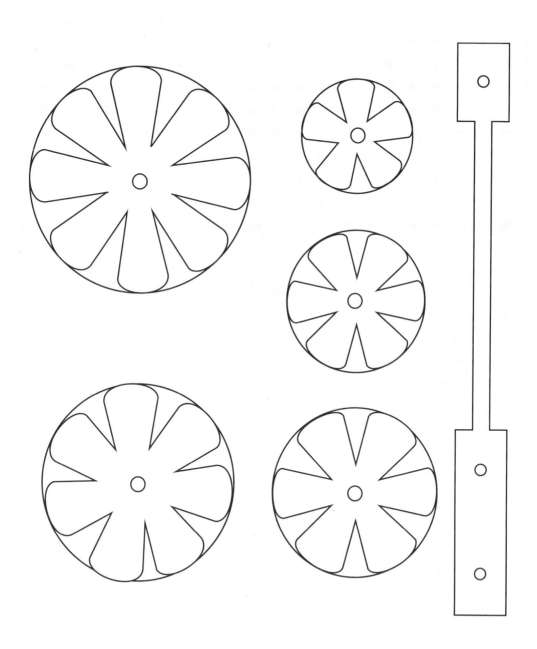

STEPS

◇◇◇◇◇◇◇◇ 制作步骤 ◇◇◇◇◇◇◇◇

1、先按照版型裁剪牛皮，将牛皮的所有边缘都用封边液封边，之后再打磨。

2、首先将牛皮的正反面都涂上红棕色。然后在牛皮的正面由中心向外画上咖啡色的放射状线条，
牛皮的背面则画 V 形面。最后再将挂扣所用的牛皮条染成黑色。

3、将牛皮用水湿润，再将每一瓣用手捏出折痕，做好造型之后，放在旁边等待晾干。

4、将挂扣的皮条对折安装上纯铜钥匙圈，并用铆钉固定。

5、将每片松果由大至小依次串在挂扣皮条上，每穿一片就要调节好位置和形状，并涂上胶水。
松果的每两层之间都要保持一定的缝隙，不要过于紧密。每一层松果瓣的方向要相互错开，
避免重叠在一起。全部完成后，再进行一次调整。

LA HOJARASCA

皮革花朵

THE CAMELLIA BROOCH

山茶花胸针

最爱那朵粉色的山茶花，层层叠叠的花瓣，柔软而有弹性，花瓣里缀满了金黄色的花蕊，不是很明艳，却能带来一丝温馨的感觉。

PRAPARATION

◇◇◇◇◇◇◇◇ 前期准备 ◇◇◇◇◇◇◇◇

工具

①打磨棒
②剪刀
③ UHU 胶水
④封边液
⑤酒精染料（黄色）
⑥油性染料（红色）
⑦棉棒

材料及配件

①厚度 1.0mm 原色植鞣皮　十片
②厚度 1.4mm 原色植鞣皮　五片
③直径 1.0cm 长条植鞣皮　一条
④直径 2.5cm 胸针托盘　一个

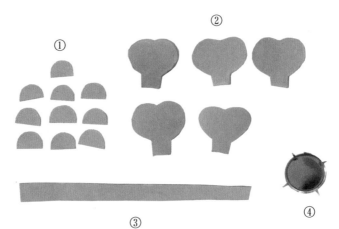

PATTERN

◇◇◇◇◇◇◇◇◇◇ 1：1版型 ◇◇◇◇◇◇◇◇◇◇

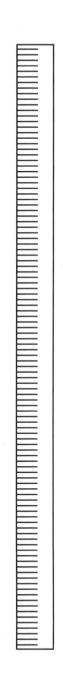

STEPS

◇◇◇◇◇◇ 制作步骤 ◇◇◇◇◇◇

1、用剪刀将长条植鞣皮剪成间距约为 1mm 的梳齿状，并用酒精染料染成黄色。然后在未剪开一侧的背面涂上 UHU 胶水，再如图所示卷成柱状，置于一边备用。

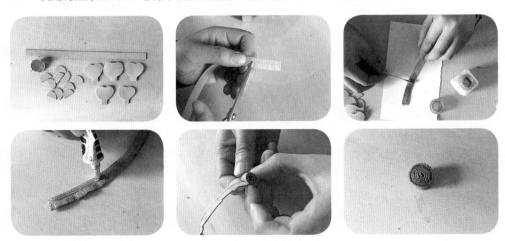

2、用红色油性染料将所有花瓣正反面都染成红色，并用封边液将花瓣边缘封边，再用打磨棒进行打磨抛光处理。

3、将半圆形花瓣依次错开粘贴在花蕊外侧。粘贴时一定要轻按住粘贴处，以确保花瓣能完全固定。

4、将心形花瓣浸湿后背面向上置于掌心，再用打磨棒的圆头反复挤压花瓣，压出花瓣的弧度。

 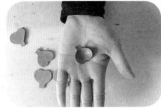 

5、将心形花瓣依次粘贴在花蕊外侧。待胶水干透，再在花瓣表面喷水，调整花瓣整体造型。

6、将背面修理平整，再用 UHU 胶水粘贴于胸针底座上。

THE SUNFLOWER BROOCH

向日葵胸针

向日葵，一种再普通不过的植物，
牛皮经过染色、塑形之后，制作
出一朵如同梵·高笔下的向日葵，
饱满而明快的黄色，展现出永远
沸腾的热情与活力。

PREPARATION
◇◇◇◇◇ 前期准备 ◇◇◇◇◇

工具

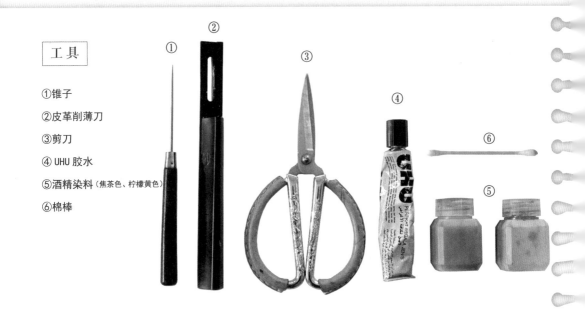

①锥子

②皮革削薄刀

③剪刀

④ UHU 胶水

⑤酒精染料（焦茶色、柠檬黄色）

⑥棉棒

材料及配件

①厚度 1.0mm 原色长条植鞣皮 一条

②厚度 1.0mm 原色长条植鞣皮 一条

③厚度 1.0mm 原色长条植鞣皮 一条

④直径 2.5cm 胸针托盘 一个

PATTERN

◇◇◇◇◇◇◇◇◇ 1：1版型 ◇◇◇◇◇◇◇◇◇

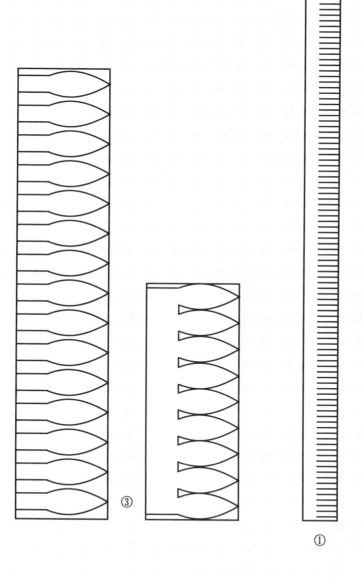

③

①

②

STEPS

⬦⬦⬦⬦⬦⬦⬦⬦ 制作步骤 ⬦⬦⬦⬦⬦⬦⬦⬦

1、按照版型剪下所有的牛皮，将花蕊部分的植鞣皮①剪成间距约为 1mm 的梳齿状，并用酒精染料染成焦茶色。然后在未剪开一侧的背面涂上 UHU 胶水，再如图所示卷成柱状，置于一边备用。

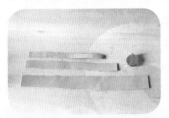

2、先用削薄刀将花蕊外圈的植鞣皮②的一侧削薄，尽可能削至只剩牛皮表皮，宽度大约为 5mm。再将削薄的一侧剪成细小的绒毛须状。

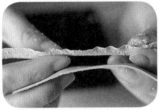

3、用酒精染料将花蕊外圈染成柠檬黄色，染好后同样在背面涂上 UHU 胶水，包裹在步骤 1 完成的花蕊外侧，整理绒毛使其变得蓬松自然。

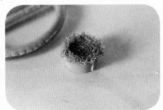

4、将做花瓣的植鞣皮③以步骤 2 同样的方式削薄一侧，削薄的宽度为 1cm；然后用锥子在牛皮正面画出花瓣的形状；接着按照画好的轮廓剪下花瓣，但要确保花瓣底部不断开。

5、先用酒精染料将所有花瓣染成柠檬黄色；然后润湿花瓣，把花瓣尖端捏成如下图所示的形状；接着将一条连续的花瓣粘贴到花蕊外圈，单片花瓣则依次错开粘于花朵外圈，注意边粘边调整花朵的整体形态。

6、先将花朵底部修剪平整，再在底部涂上 UHU 胶水粘于胸针底座上。待胶水干透后，再次将花瓣湿润，以调整花朵的整体形态。

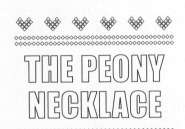

THE PEONY NECKLACE

牡丹花颈花

用国色天香、雍容华贵来描述牡丹花一点也不为过，把它与优雅的颈链结合在一起，用深沉而低调的暗红着色，戴于颈间腕上，不经意间展露出迷人的韵味。

PREPARATION

◇◇◇◇◇◇◇◇ 前期准备 ◇◇◇◇◇◇◇◇

工具

①皮革削薄刀
②染色用的羊毛球
③酒精染料（深红色）
④打磨棒
⑤米色蜡线和缝线针
⑥ UHU 胶水
⑦剪刀
⑧直径 1mm 的圆冲
⑨皮雕锤

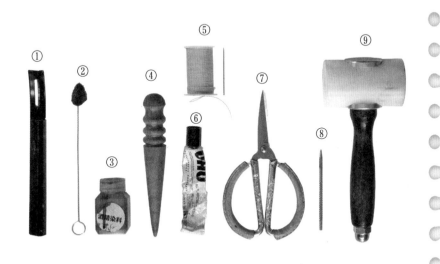

材料及配件

①厚度 1.0mm 原色植鞣皮　五片
②直径约 0.6mm 的珍珠　三颗
③领结带子　一个

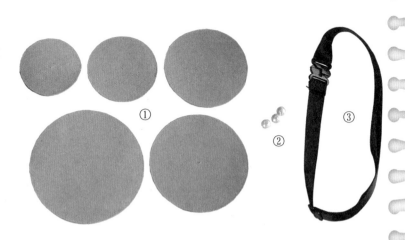

PATTERN
◇◇◇◇◇◇◇◇◇◇ 1：1版型 ◇◇◇◇◇◇◇◇◇◇

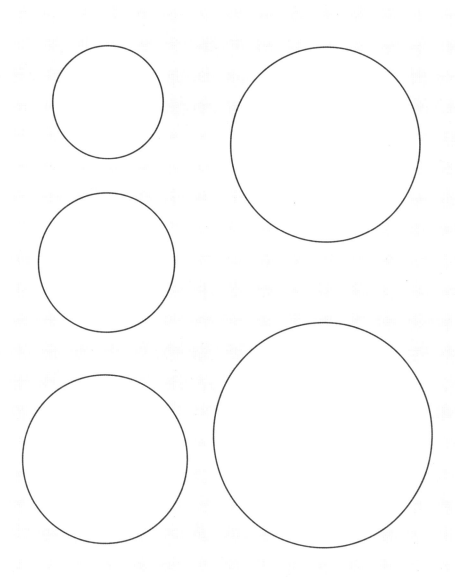

STEPS

制作步骤

1、按照版型，用剪子将牛皮剪下。然后将 5 个圆形牛皮整体削薄，削薄时边缘出现破损也无妨，
  不规则的边缘会让花朵更为生动。

2、用羊毛球蘸取酒精染料将牛皮正反面都染成深红色；再用水润湿牛皮后，毛面向上置于掌心；
  接着用打磨棒的圆头将牛皮边缘挤压出自然的褶皱；最后置于一旁晾干或者用吹风机吹干。

3、将五层花瓣逐层摞在一起，再用 UHU 胶水粘好。

4、在花蕊的位置上用直径 1mm 的圆冲打 3 个孔。

5、用 UHU 胶水将花朵粘到丝带搭扣的一端，再将三颗珍珠用线缝在花蕊的位置上即可。

6、调整花瓣形态，使其更蓬松自然。

THE ROSE BROOCH

玫瑰花胸针

一片一片的花瓣，层层叠叠，包裹住柔软的内心。每一朵绽放着的玫瑰，都有着不同的姿态，需要用心观察，用指尖、掌心的温度，雕塑出一支惟妙惟肖的皮革玫瑰。

PRAPARATION
◇◇◇◇◇◇◇◇ 前期准备 ◇◇◇◇◇◇◇◇

工具

①剪刀
②皮革削薄刀
③打磨棒
④旋转刻刀
⑤直径 1mm 的圆冲
⑥油性染料（红色、绿色）
⑦皮雕锤
⑧ UHU 胶水
⑨棉棒

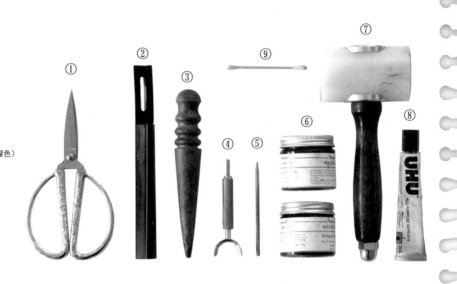

材料及配件

①厚度 1.0mm 原色植鞣皮　六片
②直径约 0.6mm 刺马针胸针　一枚

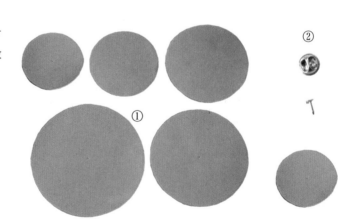

PATTERN

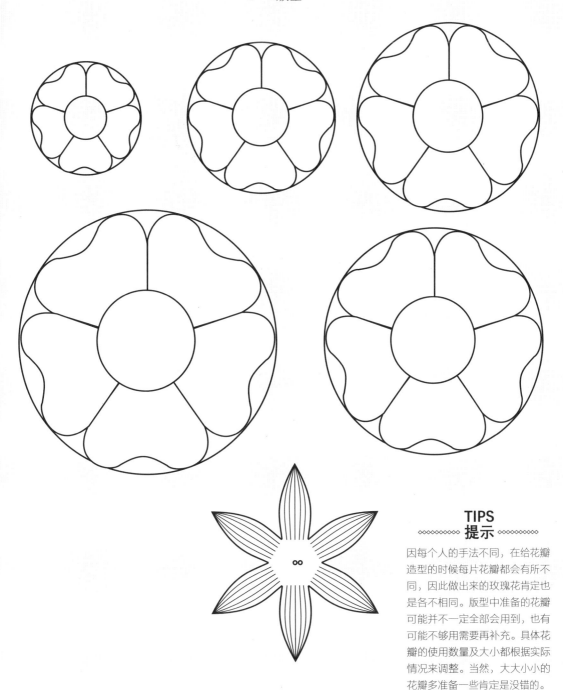

TIPS
∞∞∞∞ 提示 ∞∞∞∞

因每个人的手法不同，在给花瓣造型的时候每片花瓣都会有所不同，因此做出来的玫瑰花肯定也是各不相同。版型中准备的花瓣可能并不一定全部会用到，也有可能不够用需要再补充。具体花瓣的使用数量及大小都根据实际情况来调整。当然，大大小小的花瓣多准备一些肯定是没错的。

STEPS

◇◇◇◇◇◇◇◇ 制作步骤 ◇◇◇◇◇◇◇◇

1. 按照版型用剪刀将牛皮剪出大小不一的多个圆片。再将牛皮置于光滑的大理石或玻璃上,用削薄刀将距圆片边缘 1.5cm 的外围削薄。

2. 将每个圆片平均分为五等份,沿边缘剪出花瓣形状。再用棉棒蘸取红色的油性染料将花瓣正反面都进行着色。然后把花瓣依次剪下,按照从小到大的顺序排列好。

3. 先将最小的一片花瓣高度修剪至 8mm 左右。再于中间处抹上 UHU 胶水,卷成花蕊状。之后四片较小一级的花瓣,蘸水润湿后,毛面朝上置于掌心,用打磨棒的圆头挤压花瓣,使之出现比较自然的弧度与褶皱。

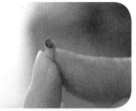 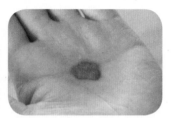 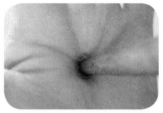

4、在做好造型的花瓣内侧涂满 UHU 胶水，依次粘贴到花蕊外侧。粘贴时注意不要粘得太紧密，花瓣与花瓣之间要留有一定的空隙，以确保花瓣的褶皱更自然。然后用同样的方法，给剩下的花瓣做造型，并依次粘贴。对于外侧较大的花瓣，可轻轻将花瓣边缘向外翻折。若底部略长，则可用剪刀进行修剪。

5、取一片直径略大于花朵的圆片，剪出花萼的形状。边缘削薄，再用旋转刻刀刻画出花萼的叶脉肌理。

6、用绿色的油性染料将花萼染成绿色，在正中间处用圆冲搭配皮雕锤打上用于安装胸针配件的孔。然后用水将花萼打湿后，拧出自然的形态，使花萼不那么呆板。最后将胸针的配件穿过圆孔粘至花萼上，再将花萼粘于花朵底部即可。

TIPS
提示

如果想要做盛开的花朵，可以按照之前的步骤继续粘贴花瓣。花瓣做完之后，喷湿皮面用手继续调整它的整体形态。

THE CARNATION BROOCH

康乃馨胸针

每年母亲节我都会给妈妈送一支康乃馨，但每次看到送出的鲜花逐渐凋零，不禁有些惆怅。自从开始尝试用牛皮作花，也尝试着做一朵牛皮康乃馨，与之前做的山茶花、向日葵、玫瑰花相比，难度稍大一些，需要一些耐心及细心才能完成。真正用心做的礼物，妈妈一定会感受到其中的心意。

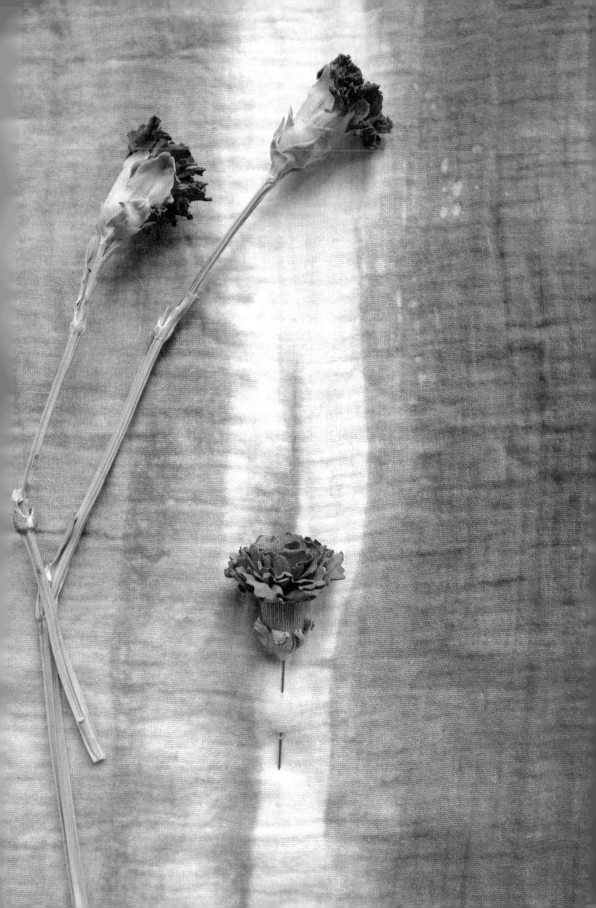

PREPARATION

前期准备

工具

①皮革削薄刀
②剪刀
③旋转刻刀
④直径 1mm 的圆冲
⑤打磨棒
⑥ UHU 胶水
⑦酒精染料（深红色）
⑧油性染料（绿色）
⑨皮雕锤
⑩棉棒

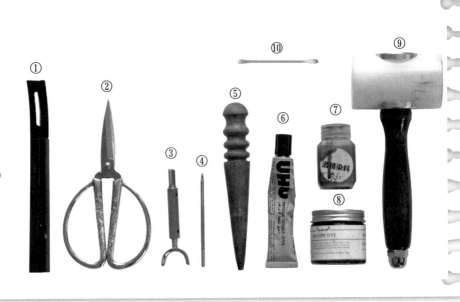

材料及配件

①厚度 1.0mm 原色植鞣皮　六片
②直径约 0.3mm 的米珠　两颗
③一字长胸针　一个

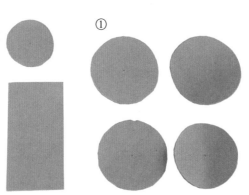

PATTERN

◇◇◇◇◇◇◇◇◇◇ 1：1版型 ◇◇◇◇◇◇◇◇◇◇

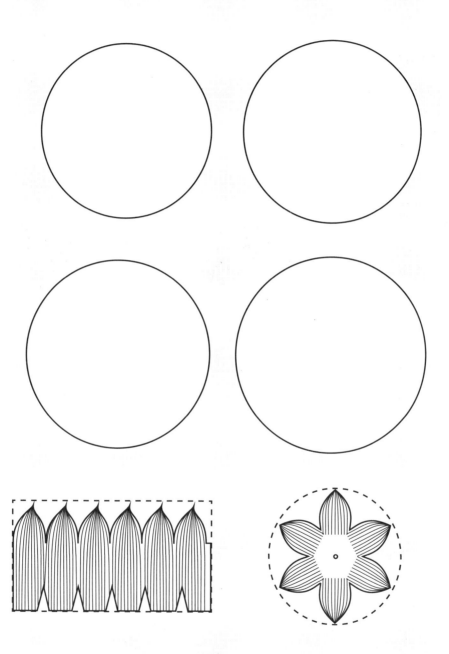

STEPS

◇◇◇◇◇ 制作步骤 ◇◇◇◇◇

1. 先按照版型将各个部分裁剪下来，再将每个圆形牛皮都整体削薄，将每个圆片平均分为五等份，然后将每片花瓣边缘都剪成锯齿状。

2. 用棉签蘸酒精染料将花瓣染成深红色，然后用水润湿，捏出风琴状的褶皱。

3. 将每层花瓣底部涂上 UHU 胶水依次叠放在一起，组成一朵花的造型。然后在牛皮花的中间打上一个直径为 1mm 的圆孔。再将一字胸针穿过圆孔，顶部则用一颗小米珠固定。

4、将长方形牛皮一侧削薄，剪出花萼形状，然后用旋转刻刀雕刻出叶脉，之后用棉签蘸油性染料将花萼染成绿色。

 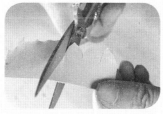 

5、将长花萼卷成桶状，侧面用胶水粘住固定，萼尖可以用手轻捏做一些自然的褶皱，同时将底部剪出几个小豁口。在花萼与花瓣相接的部分涂抹胶水，粘贴在一起。

6、另取一片圆形牛皮，边缘同样削薄，剪出短花萼的形状，雕刻出叶脉并染上绿色，在中间处打出一个直径 1mm 的孔。然后将圆形花萼置于手心，用打磨棒较细的一头将花萼挤压成碗状，串在一字针上，再粘贴于长径花萼的下方。最后在底部穿一颗小米珠用胶水粘好，用于固定。

与花草有关的身边小物

THE LEATHER MUSHROOM

牛皮蘑菇

从小在雨水丰沛的江南长大，在我眼里，蘑菇就是和鸡精一样的调味神器。买一堆口蘑，用小火把蘑菇的汁液都煎出来，这时候，整个屋子都会弥漫着浓浓的馋死人的蘑菇香气。煎出来的蘑菇和汁液都倒进瓶子里储存，每次做菜时倒上一点，和菜一起炒，迷人的鲜味在每一道菜上逗留。

PREPARATION

前期准备

工具

①白乳胶

②UHU 胶水

③两孔圆斩或直径 1mm 圆冲

④直径约 5cm 的半球形玻璃容器

（可以用任意大小相近的半球形物体替代）

⑤旋转刻刀

⑥剪刀

⑦塑形棒

⑧砂纸条

⑨白色蜡线和缝线针

⑩封边液

⑪打磨棒

⑫皮雕锤

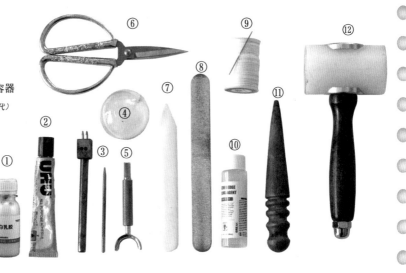

材料及配件

①厚度 1.8mm 原色植鞣皮 一片

②厚度 1.4mm 原色植鞣皮 三片

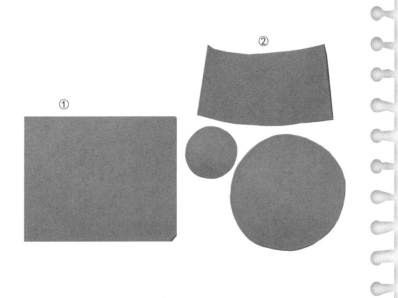

PATTERN

◇◇◇◇◇◇◇◇◇ 1：1版型 ◇◇◇◇◇◇◇◇◇

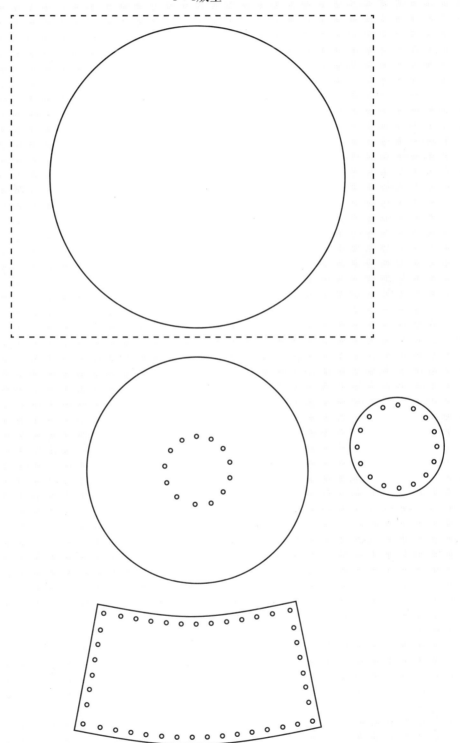

STEPS

◇◇◇◇◇◇◇◇◇◇ 制作步骤 ◇◇◇◇◇◇◇◇◇◇

1、依照版型用剪刀将牛皮剪下，先将蘑菇伞帽的牛皮用水湿润，然后将牛皮盖在半圆形的小碟上，用整形骨棒反复刮压，使皮面紧贴圆形小碟，最终皮面成型，用剪刀沿边缘线剪下，待其自然干透后备用。

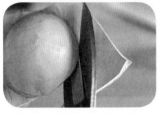

2、将蘑菇柄的圆形底座及蘑菇柄划线打孔，用棉棒涂抹封边液封边打磨。

 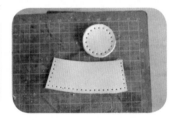 

3、如下图所示，将蘑菇柄底座与蘑菇柄缝合到一起。

4、将蘑菇柄上缘翻折出 2mm 的边缘，涂抹胶水，粘贴到蘑菇伞底的中心位置，并用整形骨棒压实。然后用两孔圆斩打孔，缝合。（如按照本书版型裁剪及打孔，可以省略图 2~4 步骤，直接缝合。）

5、如图所示，将蘑菇伞底用水润湿，用旋转刻刀刻画出蘑菇伞底的褶皱。

6、在晾干后的蘑菇伞帽内侧均匀涂抹白乳胶，将伞底及手柄粘贴进去。注意伞帽与伞底中间要留有空隙。之后剪去多余的皮边后用砂纸条打磨，然后涂抹封边液用打磨棒打磨抛光。

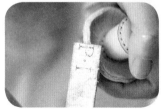  

TIPS 提示
刻画蘑菇褶皱

步骤 5 中，褶皱呈中心放射状，因此此在刻画时可以如图例所示呈中心对称式进行。

 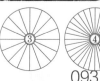

THE
MUSHROOM HOUSE

蘑菇小屋

做完蘑菇后的某一天，看到《蓝精灵》，突发奇想，蘑菇做大一点儿，是不是就可以变成蘑菇小屋了呢？把它放在花盆里，幻想里面住着一个小精灵。

工具

① UHU 胶水

②两孔圆斩或直径 3mm 圆冲

③旋转刻刀

④直径约 10cm 的半球形玻璃容器

（可以用任意大小相近的半球形物体替代）

⑤宽度 0.5cm 和 1.5cm 一字斩

⑥皮革印花工具（打边工具）

⑦直径 1cm 的浅圆斩

⑧塑形棒

⑨砂纸条

⑩封边液

⑪剪刀

⑫白色蜡线和缝线针打磨棒

⑬打磨棒

⑭皮雕锤

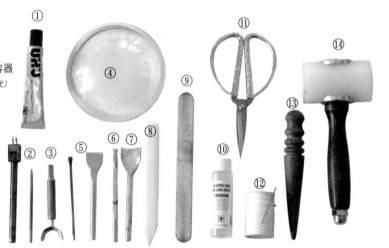

材料及配件

①厚度 1.4mm 原色植鞣皮 三片

②厚度 1.8mm 原色植鞣皮 一片

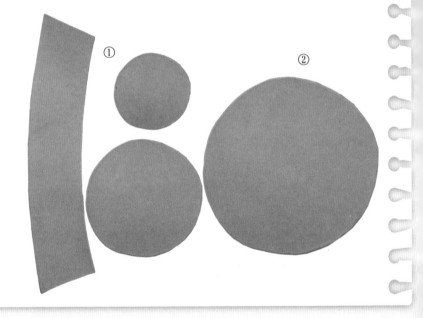

PATTERN

◇◇◇◇◇◇◇◇◇◇ 1：1版型 ◇◇◇◇◇◇◇◇◇◇

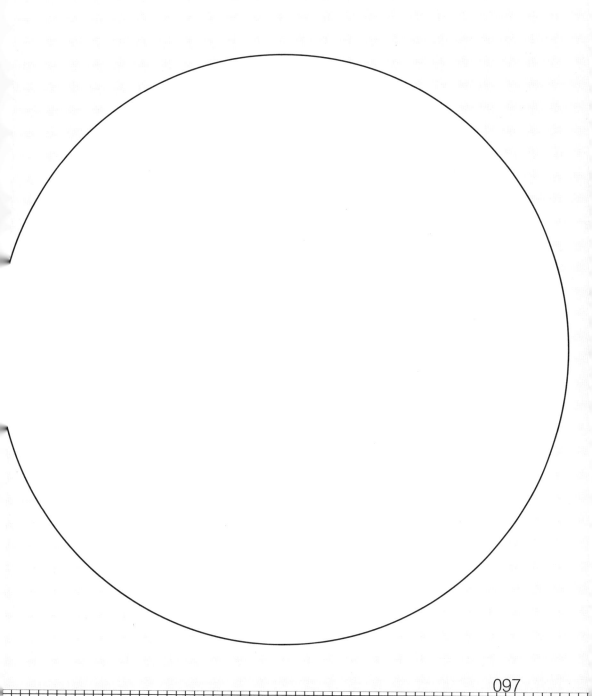

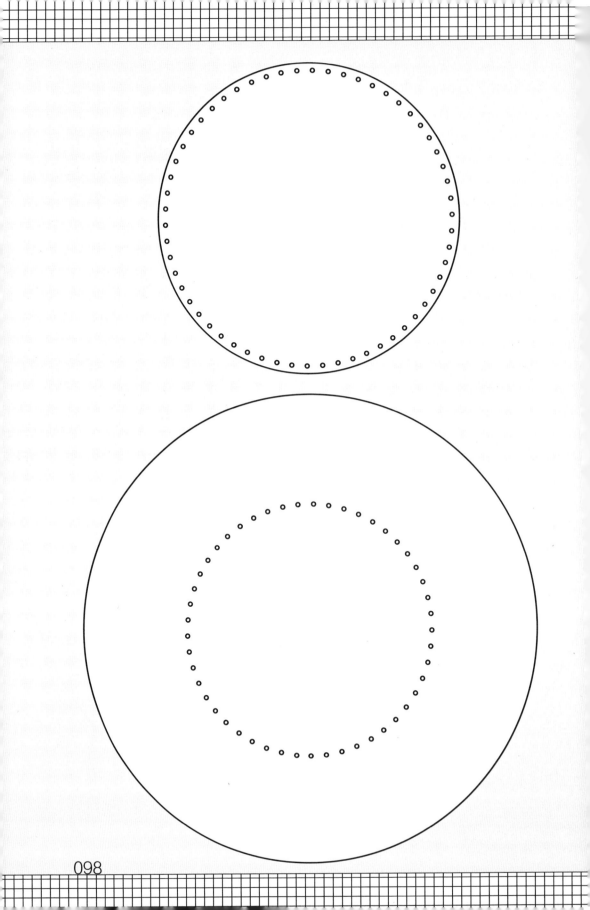

STEPS

◇◇◇◇◇◇ 制作步骤 ◇◇◇◇◇◇

蘑菇小屋只需要提前将蘑菇柄上刻画出门和窗。其他的做法与小蘑菇并无二致。具体做法可参考第 092 ～ 093 页。

1、将牛皮用水润湿，然后用旋转刻刀雕刻出门窗的线条，并用打边印花工具打出门窗的立体感。

 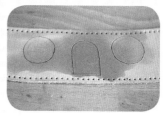

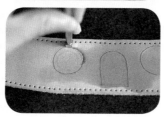

2、用直径 1cm 的浅圆斩与不同宽度的一字斩配合，斩打出门窗镂空。最后将直径 3mm 的圆冲内的小圆片取出，粘贴到门上充当门把手。

THE POT FOR SUCCULENT PLANTS

多肉花盆

自从工作室来了一位养花小能手，花盆什么的已经严重不够用了。用牛皮试着做了几个花盆，养上多肉，发现牛皮这种材质还真是适合做花盆，透气、吸水。虽然刚做完是柔软的，但经过日晒后反而越来越坚硬，色泽也是越来越浓郁，在花盆边缘打上蕾丝般的花边，给它赋予一丝温柔的气息。

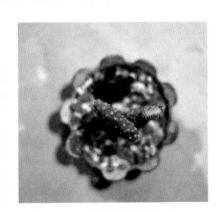

工具

①白色蜡线和缝线针

②各种不同形状的花冲

③两孔圆斩、四孔圆斩和直径 1mm 圆冲

④各种不同尺寸的半圆斩

⑤宽度 0.5cm 一字斩

⑥重型美工刀

⑦划线器

⑧剪刀

⑨打磨棒

⑩砂纸条

⑪封边液

⑫皮雕锤

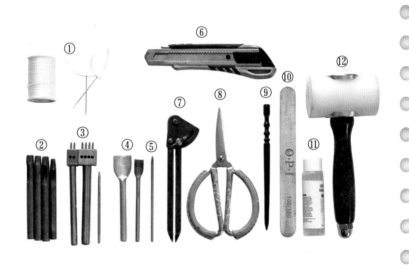

材料及配件

①厚度 1.8mm 原色植鞣皮 两片

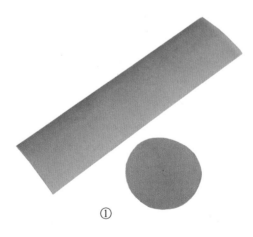

PATTERN

◇◇◇◇◇◇◇◇◇◇ 1：1版型 ◇◇◇◇◇◇◇◇◇◇

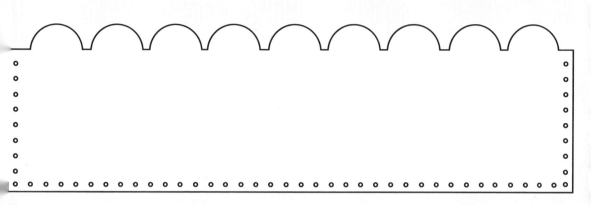

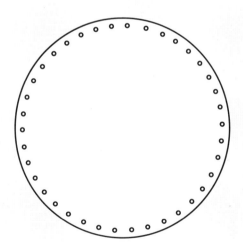

STEPS

◇◇◇◇◇◇◇◇ 制作步骤 ◇◇◇◇◇◇◇◇

1、首先按照版型将牛皮裁切出来，然后在距圆形牛皮边缘的 2mm 处打上一圈缝线孔。

2、在距长条形牛皮长边一侧边缘的 2mm 处也打出与圆形牛皮数量相等的缝线孔。然后将长条形牛皮未打缝线孔的部分裁去。将长条牛皮的两条短边同样画线，以长边两端的缝线孔为起点，延短边的方向打上对称的缝线孔，顶部预留 1cm 的长度打花边。

3、用宽度为 2cm 的半圆斩与宽度 5mm 的一字斩配合打出一排半圆的花边。斩打时建议从皮边的中间开始往两侧依次斩打，斩打到边缘处时，根据边缘的剩余长度选择合适的一字斩或者半圆斩。然后，将自己喜欢的花冲相互组合，在半圆形花瓣的内部打出自己喜欢的图案。

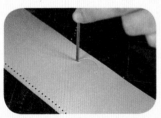  

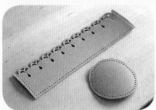

4、长条形牛皮的两端用对称交叉缝饰法缝合成桶状。然后将圆筒底部与圆形牛皮用直线缝饰法缝合在一起。

5、将花盆的所有边缘处都涂抹上封边液，配合打磨棒进行处理，底部若有不平整的地方则先用砂纸条打磨后再封边抛光。

6、将花盆的镂空部分涂抹封边液，配合打磨棒进行打磨处理。过于细小的地方可以用锥子来代替。

 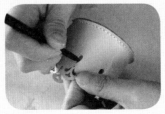 

THE LAMPSHADE OF CHRISTMAS TREE

圣诞镂花灯罩

赶在圣诞节前做了一棵圣诞树灯罩，里面可以放个小蜡烛做烛台，也可以放盏小夜灯当灯罩，或者仅仅作为首饰／零碎小物的收纳，本色的植鞣皮的那种历久弥新的味道是染色所不能表达的。圣诞节那天，就做棵圣诞树吧！

PREPARATION

前期准备

工具

①皮雕锤
②剪刀
③打磨棒
④划线器
⑤封边液
⑥锥子
⑦各种不同宽度的一字斩
⑧两孔圆斩、四孔圆斩和直
   径 1mm 圆冲
⑨各种不同形状的花冲
⑩白色蜡线和缝线针
⑪各种不同尺寸的半圆斩

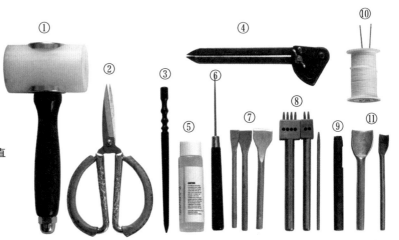

材料及配件

①厚度 1.4mm 原色植鞣皮 一条
②厚度 2.0mm 原色植鞣皮 一片
③厚度 2.0mm 原色植鞣皮 一片

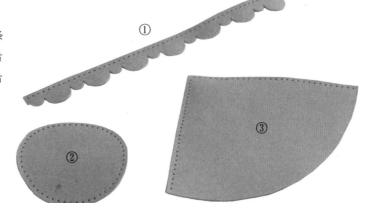

PATTERN

◇◇◇◇◇◇◇◇◇ 1：1版型 ◇◇◇◇◇◇◇◇◇

STEPS

∞∞∞∞∞∞∞ 制作步骤 ∞∞∞∞∞∞∞

1、首先按照版型在牛皮上裁剪出圣诞树的各个部分。然后，先用锥子在牛皮上画出松针的分布，再用大小不同的一字斩从树顶开始逐层进行斩打。

  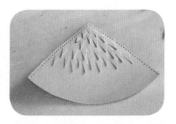

2、选择自己喜欢的花冲，相互组合，打出圣诞树底部的装饰图案。

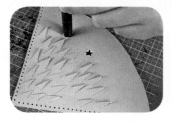  

3、用封边液配合打磨棒将所有边缘处打磨抛光，较细小处则可用锥子进行辅助。

4、用对称交叉缝饰法将圣诞树缝合成圆锥体，建议从底部开始缝合。再用直线缝饰法将花边和圆形的底皮缝合在一起。

5、缝合后，将所有的皮边用封边液搭配打磨棒进行打磨抛光处理。

 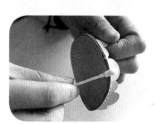

结 语

可曾想过一张浮动着原始裸肤色的牛皮会成为你手里的伙伴？可曾想过对皮革手作零基础的你可以如一名隐世的匠人一般，玩转裁皮、切割、缝制？可曾想过你竟然会让萌态百生的多肉植物钻进你为它们构建的奇特居所？可曾想过有一朵花，一片叶子因你而生，由皮而做？而这朵花，这片叶子是有温度的——37℃，你的温度，手作的温度。

当你跟随沈小姐制作出这样生动而永不凋谢的皮革花蕾、皮革叶片，并将它们层层点染上瑰丽而不失复古的色彩后，下一步"功能性"魔法就要依靠你自己来释放了。缠绕在指上脖间的首饰、绽放在居室中的家居饰品、垂挂在窗棂上的装饰风铃、陪伴在钥匙旁的特色标志……一切的可能性、万般的巧思妙用都可通过你的创造力赋予皮革。